BEI GRIN MACHT SICH IHR WISSEN BEZAHLT

- Wir veröffentlichen Ihre Hausarbeit,
  Bachelor- und Masterarbeit

- Ihr eigenes eBook und Buch -
  weltweit in allen wichtigen Shops

- Verdienen Sie an jedem Verkauf

Jetzt bei www.GRIN.com hochladen
und kostenlos publizieren

Bibliografische Information der Deutschen Nationalbibliothek:

Die Deutsche Bibliothek verzeichnet diese Publikation in der Deutschen National-
bibliografie; detaillierte bibliografische Daten sind im Internet über http://dnb.d-
nb.de/ abrufbar.

Impressum:

Copyright © 2017 GRIN Verlag
Druck und Bindung: Books on Demand GmbH, Norderstedt Germany
ISBN: 9783668934627

Dieses Buch bei GRIN:

https://www.grin.com/document/465376

Felix Loos

Transnationale Wasserkonflikte am Beispiel des Okavango

Katholische Universität Eichstätt-Ingolstadt
Fachbereich Geographie
Lehrstuhl für Physische Geographie
Mensch-Umwelt-Beziehungen
Wintersemester 17/18

Wasserkonflikte am Beispiel des Okavango

Name: Loos, Felix

Abgabetermin: 28.12.2017

Gliederung:

1. Wasserknappheit als globales Sicherheitsrisiko

Einst als Touristenmagnet der iranischen Stadt Isfahan bekannt, verliert die berühmte Brücke Si-o-se Pol, die sich über den Zayandeh spannt, zunehmend an Reiz. Speiste der Fluss früher nahe Parkanlagen und war so voll mit Wasser, dass er von Tretbooten befahren wurde, führt er nun besonders in den wärmsten Monaten kein Wasser mehr. Begründet kann dies vor Allem durch die Nutzung des Wassers für die Versorgung der heiligen Stadt Ghom werden. So wird das Wasser des Zayandeh abgezweigt, um damit die städtische Wasserversorgung dieser Stadt zu gewährleisten. Die Austrocknung des Flussbettes in der Stadt Isfahan wird dabei in Kauf genommen (vgl. LANDWEHR 2016). Handelt es sich hier um einen Nutzungskonflikt auf nationaler Ebene, der so von allen beteiligten Akteuren hingenommen wird, können Nutzungskonflikte auf sub-nationaler Ebene ganz andere Konsequenzen haben. So gab es rezent besonders in der arabischen Welt Konfliktsituation, in denen Kriege um die Ressource Wasser zumindest verbal als Möglichkeit erwogen wurde. Ägypten drohte Äthiopien damit, das im nationalen Selbstverständnis historische Recht auf Wasser mit allen Mitteln zu verteidigen, sollte der Bau des Millenium-Staudamms nicht eingestellt werden. In Jordanien drohte Prinz Hassan im Jahr 2014 damit, dass die Kriege um das Wasser der Region blutiger werden könnten, als der arabische Frühling. Auch in den arabischen Emiraten steigt zunehmend der Bedarf an Wasser, besonders wegen des rasanten Bevölkerungswachstums. Hier äußerte Kronprinz Scheich Mohammed im Jahr 2013, dass Wasser wichtiger als Öl geworden sei. Waren die Chancen für bewaffnete Wasserkonflikte lange Zeit sehr gering, scheinen sie besonders vor dem Hintergrund einer immer weiter zunehmenden Wasserknappheit zu steigen (vgl. GOLDENBERG 2014).

Vor diesem Hintergrund soll die vorliegende Seminararbeit das Phänomen transnationaler Wasserkonflikte und die Gefahr für ein Auftreten solcher Konflikte untersuchen. Dies soll am Beispiel des Okavango geschehen, dessen Einzugsgebiet sich die drei Länder Angola, Botswana und Namibia teilen. Hierzu sollen zunächst exemplarisch zwei langjährige Wasserkonflikte betrachtet und verglichen werden. Daraufhin sollen Möglichkeiten zur Vermeidung von Wasserkonflikten untersucht werden, um diese nach der Beschreibung des Okavango(-Binnendeltas), auf eben dieses Gebiet anzuwenden. Abschließend soll die Gefahr für einen gewaltvollen transnationalen Konflikt im Einzugsgebiet des Okavango anhand von zwei möglichen Zukunftsszenarien versucht werden, einzuschätzen.

2. Was sind Wasserkonflikte? Erklärung anhand zweier Beispiele

Im Folgenden soll zunächst der Begriff Wasserkonflikte definiert werden. Dabei wird sowohl darauf eingegangen, auf welche Arten Wasserkonflikte ausgelöst werden können, als auch auf den Unterschied zwischen Wasserkriegen und Wasserverteilungskonflikten. Dies wird daraufhin mit zwei Praxisbeispielen verdeutlicht. Als Praxisbeispiele wurden aufgrund ihrer Bekanntheit und Präsenz in den Medien die Konflikte um das Nil- und das Jordanwasser gewählt. Zum Abschluss des Kapitels werden beide Konflikte miteinander verglichen.

2.1 Definition des Begriffs Wasserkonflikt (nach FRÖHLICH 2006: 32f)

Grundvoraussetzung für Wasserkonflikte ist Wasserknappheit in einem zu definierenden geographischen Gebiet. Wasserknappheit ist im globalen Kontext auf eine steigende Nachfrage nach Wasser, ein kontinuierliches Bevölkerungswachstum und eine häufige Übernutzung der Ressource Wasser zurückzuführen. Eingebettet sind Wasserkonflikte in der Regel in übergeordnete Konfliktkontexte, wobei die überlebenswichtige Ressource Wasser häufig zum Ventil dieser Konflikte wird, da sie aufgrund ihrer Unersetzbarkeit für das Leben leicht zu politisieren ist. Zu unterscheiden ist dabei zwischen Wasserkriegen und Wasserverteilungskonflikten. Bei ersteren handelt es sich um kriegerische Auseinandersetzungen, deren Inhalt Wasser ist. Wasserverteilungskonflikte sind nicht per Definition gewaltvolle Konflikte und können in ihrem Auftreten verschiedenartig gestaltet sein. Ein wichtiges Unterscheidungskriterium ist dabei die geographische Ebene. So kann diese Art von Konflikten auf nationaler, regionaler und lokaler Ebene auftreten. Grundsätzlich gilt, dass zwischenstaatliche Kriege um Wasser auch in Zeiten zunehmenden Wassermangels als eher unwahrscheinlich gelten, da die Nutzung erneuerbarer Ressourcen nicht unmittelbar in Macht umzuwandeln ist und das Kosten-Nutzen-Verhältnis einen Krieg rational nicht rechtfertigt. Konflikte auf regionaler und lokaler Ebene hingegen, zum Beispiel zwischen verschiedenen Bevölkerungsgruppen innerhalb eines Landes, sind durchaus möglich und traten in der Vergangenheit mehrfach auf. Dies ist neben der Lebensnotwendigkeit der Ressource Wasser auch damit zu begründen, dass Kontrolle über Wasser mit Kontrolle über das Land verbunden ist. Da in dieser Seminararbeit grenzüberschreitende Wasserkonflikte untersucht werden sollen, wird im Folgenden vergleichend auf zwei rezente transnationale Wasserkonflikte eingegangen.

2.2 Konflikt um das Nilwasser

Im Einzugsgebiet des Nils liegen 11 Staaten[1], die 10 % der afrikanischen Landmasse ausmachen, in denen aber 40 % der afrikanischen Bevölkerung leben. Von diesen 40 % leben 70 % im Einzugsgebiet des Nils (EL-FADEL et all. 2003: 107). Direkt abhängig vom Nilwasser waren im Jahr 2007 160.000.000 Menschen, diese Zahl soll sich bis 2025 verdoppeln. Da viele Anrainerstaaten schon heute von häufigen Dürreperioden betroffen sind und alle Anrainerstaaten mit Ausnahme von Ägypten und Kenia zu den 50 ärmsten Staaten der Welt zählen, wird sich die Situation weiter verschärfen (KAMERI-MBOTE 2007: 1). Aufgrund des Zusammenhangs zwischen der Verfügbarkeit von (Nil-)Wasser und wirtschaftlicher Entwicklung ist der Besitz möglichst vieler Wasserrechte in allen Anrainerstaaten von nationalem Interesse. Konfliktpotential birgt dabei besonders das Verhältnis von Ägypten und Äthiopien. So ist Äthiopien durch seine Lage am Oberlauf territorial machtvoll und könnte große Mengen Nilwasser zurückhalten[2], Ägypten hingegen ist wirtschaftlich und militärisch stärker und nutzt 90 % des gesamten Nilwassers (vgl. FRÖHLICH 2006: 34). Der Vertrag zwischen Ägypten und dem Sudan aus dem Jahr 1959, welcher beiden Ländern 100 % des Flusswassers rechtlich zusichert, befeuert die Situation zusätzlich, da er den Staaten am Oberlauf eine Wassernutzung grundsätzlich untersagt (vgl. KAMERI-MBOTE 2007: 1ff). Weil Ägypten auf das Wasser aus dem Ausland angewiesen ist, reagiert das Land auf Wassernutzungsvorhaben der Oberlaufstaaten mit militärischen Drohungen. Dies war besonders der Fall, als Äthiopien Staudammprojekte veröffentlichte (vgl. FRÖHLICH 2006: 34).

Dennoch konnte es bis jetzt verhindert werden, dass der Konflikt zwischen Ägypten und Äthiopien um das Nilwasser eskalierte, obwohl Äthiopien an seinen Staudammprojekten festhielt. Die Vermittlung durch Vertreter des Sudan half dabei, eine bewaffnete Auseinandersetzung, trotz des Baus des Renaissance-Staudamms am Oberlauf des Blauen Nils, zu verhindern (vgl. SCHEEN 2015). Dennoch ist die Stimmung in der Region

---

[1] Anm.: zum Erscheinungszeitpunkt des zitierten Papers waren Südsudan und Sudan noch vereint, daher wurde die Zahl der Staaten in der vorliegenden Seminararbeit angepasst
[2] 86 % des Wassers fließen aus der äthiopischen Hochebene in den Nil

weiterhin angespannt, da schon heute, vor Fertigstellung des Staudamms, das Wasser in Ägypten knapp wird. So warnt die UN vor einer drohenden Krise, wenn keine Lösung auf politischer Ebene möglich ist (vgl. THE ECONOMIST 2016).

2.3 Wasserkonflikte im Nahen Osten – der Jordan als Beispiel

Der Jordan ist eines der bekanntesten und am häufigsten diskutierten Beispiele für Wassernutzungskonflikte. Da der Nahe Osten aufgrund seiner geographischen Lage seit jeher wasserarm ist, sind Verhandlungen um das vorhandene Wasser ein sensibles Thema, das in der Region schon häufig für Konflikte gesorgt hat (vgl. FRÖHLICH 2006: 35). Diskussionen um die Verfügungsrechte über das Jordanwasser gehen dabei bis in die 40er Jahre des 20. Jahrhunderts, genauer gesagt bis zum Ende des Arabisch-Israelischen Krieges 1948 zurück, der eine Verschiebung der Grenzen der Region verursachte (vgl. ALLAN 2002: 262). Eskaliert ist der Konflikt während des Sechstagekrieges, nach welchem alle Wasservorkommen der Region unter israelischer Kontrolle standen. In den Jahren vor diesem Krieg gab es allerdings bereits wiederholt Auseinandersetzungen in der Region um die Ressource Wasser. So plante Israel Jordanwasser in aride Landesteile umzuleiten, während Syrien beispielsweise Wasser der Flüsse Banyas und Hasbani[3] zur Bewässerung und Trinkwassergewinnung nutzen wollte. Dies führte während der Jahre 1964-1967 zu wiederholten Bombardements der israelischen Luftwaffe auf Baustellen der syrischen Projekte (vgl. FRÖHLICH 2006: 35).

Der Wassermangel und das Bevölkerungswachstum in der Region haben dazu geführt, dass der Jordan bei seiner Mündung in das Tote Meer nur noch 10 % des Wassers führt, das er noch vor 60 Jahren geführt hat. Sowohl Jordanien als auch Israel übernutzen die Ressource und entnehmen dem Jordan und seinen Zuflüssen so viel Wasser, dass neben sozialen Krisen mit der Austrocknung des Toten Meeres auch eine ökologische Krise droht (vgl. LANDWEHR 2016). Eine Lösung des Konfliktes ist dabei nicht in Sicht. Dies liegt zum einen an der Bedeutung des Wassers für die Region und zum anderen an der Vielfältigkeit der Konflikte. So gibt es neben dem jordanisch-israelischen Konflikt um das Jordanwasser auch noch Konflikte zwischen Israel und Syrien um die Wasservorkommen in den Golanhöhen und mit den Palästinensergebieten gibt es noch

---

[3] Vereinigen sich später mit dem Fluss Dan in Nordisrael zum Jordan

eine weitere Konfliktpartei (vgl. FRÖHLICH 2006: 35). Dennoch scheint eine baldige wiederholte militärische Eskalation des Konflikts unwahrscheinlich, so wurde erst in diesem Jahr eine Vereinbarung über die Wasseraufteilung von Israel und Palästina unterzeichnet, die den palästinensischen Gebieten mehr Wasser zusichert (vgl. AL JAZEERA 2017).

2.4 Vergleich der Konflikte

Beide Beispiele zeigen, trotz ihrer unterschiedlichen Umstände, dass Wasserkonflikte, wie in 2.1 beschrieben, in größere soziale und politische Kontexte eingebunden sind und in diesen betrachtet werden müssen (vgl. FRÖHLICH 2006: 32). Im Ressourcenstreit um das Jordanwasser ist dieser Kontext der noch immer ungelöste Konflikt zwischen Israel und Palästina (vgl. ebd.: 36) und im Falle des Nilwassers können dies das starke Bevölkerungswachstum und die Armut der Region sein (vgl. KAMERI-MBOTE 2007: 1). Außerdem spielen die ohnehin schon stattfindenden gewalttätigen Auseinandersetzungen in der Region, wie zum Beispiel der sudanesische Sezessionskrieg eine Rolle (vgl. FRÖHLICH 2006: 34). Beide Konflikte zeigen aber auch, dass eine dauerhafte kriegerische Auseinandersetzung um Wasser unwahrscheinlich ist, bestehen sie doch schon seit langer Zeit, ohne dass es zu einem Krieg[4] gekommen ist. Eine Eskalation ist dennoch nie auszuschließen, wie KAMERI-MBOTE (2007: 1) beschreibt. So sagte bereits 1979 der damalige ägyptische Präsident Anwar Sadat sinngemäß, dass der einzige Grund, der Ägypten in den Krieg treiben kann, die Ressource Wasser ist. Daher gilt es Mechanismen zu finden, um solche Konflikte zu verhindern - besonders in relativ stabilen Regionen, wie dem in dieser Arbeit behandelten Okavango-Binnendelta. Mögliche Lösungsansätze werden daher im nächsten Punkt behandelt.

3. Möglichkeiten der Konfliktvermeidung

Um Konflikten um die Ressource Wasser vorzubeugen, gibt es verschiedene theoretische und praktische Ansätze. Einer davon ist das sogenannte Watershed Management, welches besonders in den USA schon erfolgreich eingesetzt wurde (vgl. KOONTZ & NEWIG 2014:

---

[4] Mit Ausnahme des 6-Tage Krieges, der aufgrund seiner kurzen Dauer aber nicht als dauerhafte kriegerische Auseinandersetzung bezeichnet werden kann

416). Zum anderen soll die Okavango River Basin Water Comission (OKACOM) als Beispiel für eine transnationale Institution zur Konfliktvermeidung vorgestellt werden. Dieses Beispiel wurde gewählt, da diese Institution im Okavango-Delta aktiv ist, das durch diese Arbeit behandelt wird.

3.1 Watershed Management

Watershed Management meint zunächst lediglich die Verwaltung von Wasserscheiden. Um ein funktionierendes Verwaltungssystem für Wasserscheiden zu generieren, bedarf es guter Governance, effektiven gemeinschaftlichen Regeln und einer wissenschaftlichen Auseinandersetzung mit der jeweiligen Region (vgl. IMPERIAL 2005: 283). Bei der planvollen Durchführung von Watershed Management, also bei der Errichtung eines systematischen Watershed Management handelt es sich vor Allem um die Errichtung gemeinschaftlicher Verwaltungsstrukturen. Diese schließen öffentliche, private und ehrenamtliche Akteure ein (vgl. KOONTZ & NEWIG 2014: 416f). Da für die Errichtung und den Erhalt solcher Strukturen Kooperationen zwischen unterschiedlichen Akteuren und Gesellschaftsschichten nötig sind, handelt es sich besonders um einen sozialen Prozess, der ein Verständnis der Problematik innerhalb der Bevölkerung voraussetzt. Andererseits ist auch ein Verständnis der beteiligten Interessensvertreter für die Lebensbedingungen der jeweiligen lokalen Bevölkerung notwendig. Dieses gegenseitige Verständnis kann durch den Einsatz von technischen Experten gelingen, wenn eine Vertrauensbasis innerhalb der Bevölkerung aufgebaut wurde und diese in die Entscheidungsfindung mit einbezogen wird (vgl. RHOADS et all. 1999: 306).

Ziel ist es, die Governance in der Verwaltung gemeinsamer Gewässer zu verbessern (vgl. IMPERIAL 2005: 283), indem das Vertrauen und die Kooperation zwischen allen Akteuren gestärkt werden. Ein gegenseitiges Verständnis soll zu gemeinschaftlichen Entscheidungsfindungsprozessen führen. Die Beteiligung von Experten ist dabei im gesamten Prozess von großer Bedeutung. Zunächst ist ihr Know-How nötig um skeptische Akteure zu überzeugen, später wird ihre Expertise benötigt um optimierte Entscheidungen treffen zu können (vgl. RHOADS et all. 1999: 306). Dabei wird Watershed Management aufgrund der starken Einbeziehung der Lokalbevölkerung und lokaler Interessensvertreter den Bottom-Up Ansätzen zugerechnet (vgl. KOONTZ & NEWIG 2014: 418). Die Verbesserung der Governance und Einbeziehung der lokalen Akteure soll dazu dienen, dass Probleme direkter angegangen werden können und so der Schutz der Umwelt als gemeinsames Interesse im Mittelpunkt steht (vgl. IMPERIAL 2005: 283). Die daraus resultierenden Kooperationen können Konflikten vorbeugen (UN 2006: 388).

3.2 OKACOM als regionales Beispiel

In der durch die vorliegende Hausarbeit behandelten Region wurde mit OKACOM eine gemeinsame Verwaltungsstruktur geschaffen. Offizielle Aufgabe ist dabei die technische Beratung der Anrainerstaaten hinsichtlich Umweltschutz, Entwicklung und Wassernutzung (vgl. OKACOM 2006: 1ff). OKACOM wurde durch eine Vertragsunterzeichnung der Staaten Angola, Botswana und Namibia am 15. September 1994 gegründet (vgl. PINHEIRO et all. 2003: 105). Ziel ist eine Kooperation der Staaten, welche nutzungsbedingte negative Auswirkung auf die natürlichen Ressourcen des Deltas reduzieren kann. Dies soll vor Allem durch Koordinierung auf sub-nationaler Ebene geschehen, bei der die Bedürfnisse der drei teilnehmenden Staaten berücksichtigt werden sollen (vgl. OKACOM 2006: 1ff). Die übergeordnete Funktion bleibt dabei allerdings die Wahrung des Friedens zwischen Angola, Botswana und Namibia. Damit dies erreicht wird, soll die Kooperation drei Prinzipien folgen:

> *"These are the inherent sovereignty of each watercourse state, the obligation that one state should not cause significant harm to another state in the utilisation of water from a commonly shared resource, and the requirement that the water use must be equitable and reasonable."*   (PINHEIRO et all. 2003: 116)

Diese Prinzipien können allerdings durch keine dritte Partei durchgesetzt werden und setzen somit das Verständnis aller Beteiligten für die Wichtigkeit dieser Regeln voraus. Die Konfliktvermeidung muss also durch Schaffung funktionierender Mechanismen innerhalb der Staaten und innerhalb von OKACOM geschehen, um einen dauerhaften Dialog zwischen allen beteiligten Akteuren zu gewährleisten. Dies wird umso wichtiger, da die Abhängigkeit vom Wasser und damit verbunden die Nutzung des Okavango-Wassers zunehmen wird (vgl. ebd. 2003: 116f).

4. Beschreibung des Okavango-Einzugsgebietes

In diesem Kapitel soll das Okavango-Binnendelta hinsichtlich seiner demographischen, sozialen, klimatischen, geographischen und hydrologischen Eigenschaften beschrieben werden. Da Wasserkonflikte häufig in Regionen mit instabilen politischen Verhältnissen aufflammen (vgl. ZEITOUN & MIRUMACHI 2008: 298), ist vor Allem eine Betrachtung der demographischen, politischen und sozialen Verhältnisse im Okavango-Delta nicht zu vernachlässigen, um das dortige Konfliktpotential beurteilen zu können. Daher werden diese Verhältnisse unter dem Punkt 4.1 „Demographie" und unter Punkt 4.2 „Soziale und politische Verhältnisse" beschrieben.

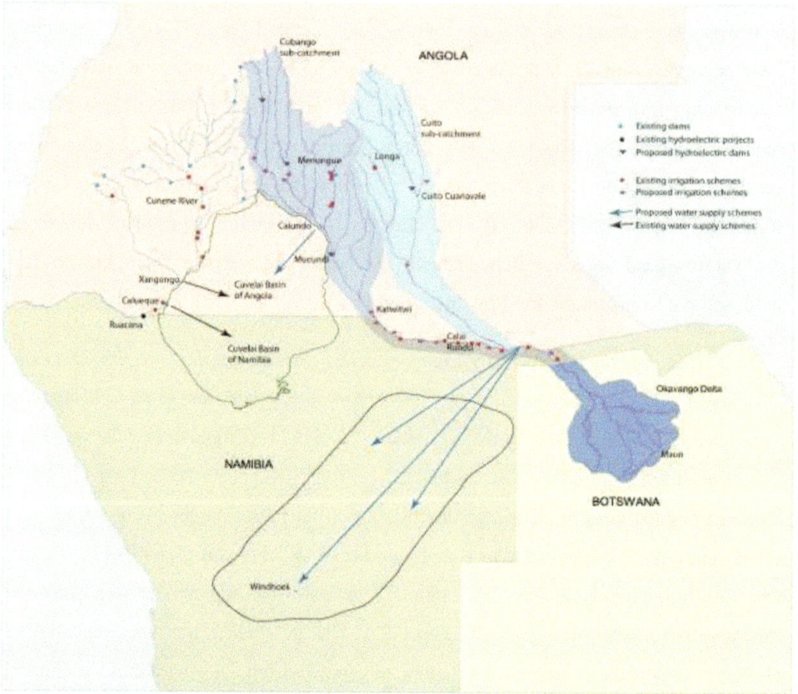

Abbildung 1: Das Okavango-Einzugsgebiet mit seinen Sub-Einzugsgebieten und bestehenden, sowie geplanten Wassernutzungsprojekten (Quelle: MENDELSOHN 2017: 1)

4.1 Demographie

Im Bereich des Binnendeltas in Botswana lebten laut eines Berichts des botswanischen Statistikbüros von 2002 circa 125.000 Personen (vgl. MBAIWA 2004: 2). Die Bevölkerung im gesamten Einzugsgebiet des Okavango(-deltas) liegt allerdings bei über 1.000.000 Personen, mit einem starken jährlichen Wachstum. Eine wichtige Rolle für das Wachstum spielt dabei auch die Migration in die städtischen Zentren im Bereich des Okavango-Einzugsgebiets, bedingt durch die Pull-Faktoren der wachsenden urbanen Siedlungen und die Push-Faktoren der ruralen und peripher gelegenen Gebiete. Die größte Stadt im Einzugsgebiet des Okavango ist dabei die angolanische Großstadt Menongue (vgl. PRÖPPER et all. 2015: 25).

In Namibia leben laut des „Namibian Population and Housing Cencus 2011" circa 14.500 Familien in ländlichen Gebieten in Flussnähe und zusätzlich 7.500 Familien in städtischen Siedlungen in Flussnähe (vgl. MENDELSOHN 2017a: 2). Trotz der verhältnismäßig dichten Besiedelung in Wassernähe, hat die flussnahe Population einen relativ geringen Einfluss auf die Wassermenge und Wasserqualität des Okavango. Auch die Errichtung einiger Bewässerungssysteme zur Bewässerung landwirtschaftlicher Felder hat diese Situation kaum verändert. So beträgt die durchschnittlich aus dem Okavango entnommene Wassermenge lediglich 0,6 % des durchschnittlichen Jahresabflusses (vgl. LIEBENBERG 2009: 11).

Da das Delta des Okavango in Botswana eine wichtige Touristenattraktion und außerdem UNESCO Weltkulturerbe ist, wird es als solches besonders geschützt (vgl. MENDELSOHN 2017a: 2) und es gibt keine städtischen Gebiete, die unmittelbar im Delta liegen. Die einzige urbane Siedlung in relativer Nähe zum Delta ist Maun mit circa 60.000 Einwohnern (vgl. PRÖPPER et all. 2015: 46). Dieser im Vergleich zu den anderen beiden Anrainerstaaten ausgeprägte Naturschutz im Gebiet des Deltas in Botswana ist darauf zurückzuführen, dass dort vom Tourismus profitiert wird. Während touristischer Profit am Okavango nur im Delta erzielt wird, können Angola und Namibia wirtschaftlichen Profit lediglich durch eine Nutzung des Wassers (z.B. zur Stromerzeugung) erreichen (vgl. MENDELSOHN 2017a: 2).

4.2 Soziale und politische Verhältnisse

Wie sich die sozialen und politischen Verhältnisse der drei im Einzugsgebiet des Okavango gelegenen Staaten unterscheiden, soll im Folgenden gezeigt werden. Gemessen am Durchschnittseinkommen liegt Botswana mit 6.788 US$ im Jahr 2016 noch vor einigen europäischen Staaten und belegt den fünften Platz aller afrikanischen Staaten, der aktuellen „GDP per capita" Liste der WELTBANK (2016a) zu Folge. Dies ist unter anderem auf Spill-Over-Effekte zurückzuführen, die der Delta-Tourismus mit sich bringt. Der relative Wohlstand, der durch den verbreiteten Tourismus erzielt werden kann, greift auf andere Wirtschaftssektoren und Regionen in Botswana über (vgl. MENDELSOHN 2017a: 2). Namibia liegt mit einem durchschnittlichen Jahreseinkommen von 4.141 US$ immer noch deutlich über dem afrikanischen Durchschnitt und belegt den siebten Platz aller afrikanischen Länder. Auch Angola liegt mit 3.111 US$ Durchschnittseinkommen immerhin noch auf dem 11. Platz in Afrika, obwohl es lediglich die Hälfte des botswanischen Durchschnittseinkommens beträgt, laut der "GDP per capita" Liste der WELTBANK (2016a).

Auch im Hinblick auf den Status der menschlichen Entwicklung liegt Botswana, das vom Delta-Tourismus profitiert, vor Namibia und Angola. Dem „Human Development Index" der UNDP (2015) zu Folge belegt Botswana weltweit den 108. Platz, während Namibia Platz 125 und Angola Platz 150 belegen. Im Hinblick auf die politische Stabilität liegt Botswana ebenfalls vor Namibia und Angola. So erreicht Angola beim „Democracy Index" des ECONOMIST (2016) 7.87 Punkte (bei maximal 10 erreichbaren Punkten) und liegt vor Namibia mit 6.31 Punkten und deutlich vor Angola mit 3.40 Punkten. Während Botswana und Namibia so noch zu den demokratischen Staaten gezählt werden, gilt die Regierung Angolas dem Index zufolge als autoritär. Gemäß des „GDP annual growth index" der WELTBANK (2016b) ist auch das wirtschaftliche Wachstum mit 2,5 % des GDP in Botswana im Vergleich zu Namibia und Angola am größten. In Namibia ist so eine Wachstumsrate von 1,2 % des GDP festzustellen, während das Wachstum in Angola stagniert. Dass Angola in allen genannten Statistiken hinter Botswana und Namibia liegt, ist vor Allem durch den bis 2002 dauernden Bürgerkrieg zu begründen. Dieser Krieg führte zur starken Schwächung staatlicher Institutionen und zu einem Nichtvorhandensein von Entwicklungsinstrumenten (vgl. UDELSMANN RODRIGUES & RUSSO 2017: 4).

Die Vormachtstellung Botswanas in wirtschaftlicher, sozialer und politischer Hinsicht birgt allerdings die Gefahr, dass sich Namibia und Angola bei den Nutzungsmöglichkeiten des Okavango benachteiligt fühlen und so selbst versuchen werden, wirtschaftlichen Gewinn aus dem Wasser des Okavango zu erzielen. Laut MENDELSOHN (2017a: 4) gibt es dafür sowohl in Namibia als auch in Angola Pläne. So formulierte die Regierung Angolas Ideen für großflächige Bewässerungs- sowie Staudammprojekte für das Sub-Einzugsgebiet des Cubango im „Generalplan zur integrierten Nutzung der hydrologischen Ressourcen des Cubango-Basins"[5], der im Jahr 2015 durch die Regierung in Luanda zur Implementierung freigegeben wurde. Der Plan sieht die Bewässerung einer Fläche von 212.000 Hektar Land vor, für die 2.120 Mio. Kubikmeter Wasser jährlich nötig sein werden. Das Wasser wird dabei zu 99 % aus dem Cubango stammen. Außerdem ist ein Staudamm geplant, bei welchem nach Fertigstellung jährlich circa 470.000.000 Kubikmeter Wasser durch Evaporation verloren gehen werden. Auch in Namibia gibt es Pläne zur Umleitung von Okavango-Wasser in andere Landesteile. Eine Umsetzung aller Pläne dieser Art würde zu akutem Wassermangel in Botswana, besonders während der Monate August, September, Oktober und November führen, in denen der Wasserstand des Okavango sein Minimum erreicht.

4.3 Klimatische Gegebenheiten

Unmittelbar im Delta des Okavango kann von semi-ariden Verhältnissen gesprochen werden. So dauert die Trockenzeit von Mai bis September und der durchschnittliche Jahresniederschlag der Jahre 1971-2000 betrug 478 mm. Dabei wies der Niederschlag eine große Variabilität zwischen den einzelnen Jahren auf, ohne dass ein Trend zwischen den Jahren 1950 und 2009 erkennbar war. Die durchschnittliche Jahrestemperatur betrug 23,2 ° C für die Periode 1971-2000, wobei der der wärmste Monat mit durchschnittlich 27,1 ° C der November ist. Der kälteste Monat ist der Juli, so wird genau in der Mitte der Trockenzeit ein Temperaturmittel von durchschnittlich 16,5 ° C erreicht. Insgesamt steigt die mittlere Jahrestemperatur seit dem Jahr 1971 leicht (vgl. PRÖPPER et all. 2015: 46)[6].

---

[5] Name für Generalplan aus dem portugiesischen übersetzt; Cubango mündet in Okavango
[6] Alle klimatischen Werte im Dorf Seronga gemessen

Der Wasserhöchststand im Delta wird allerdings nicht während der Regenzeit, sondern während der Trockenzeit in den Monaten Juli und August erreicht (vgl. ebd.: 75). Um dies nachvollziehen zu können, ist es daher auch sinnvoll die klimatischen Verhältnisse im gesamten Einzugsgebiet des Okavango zu betrachten. Diese variieren sehr stark. So reichen die Jahresdurchschnittstemperaturen von 6 ° C im Quellgebiet des Okavango im angolanischen Bergland, über 18 ° C im Nord-Westen des Einzugsgebiets bis zu den zuvor beschriebenen 24 ° C im Delta. Neben der Durchschnittstemperatur ändern sich auch die Niederschlagsverhältnisse. Während im Nordwesten des Einzugsgebiets ein semi-humides Klima mit Jahresniederschlägen von bis zu 1300mm herrscht, nimmt der Niederschlag ab, je weiter man sich südwestlich im Delta bewegt (vgl. ebd.: 26f). So beträgt der Durchschnittsniederschlag für das Einzugsgebiet des Okavango im angolanischen Flachland noch circa 880 mm, während er für Namibia und Botswana durchschnittlich 450 mm beträgt (vgl. MBAIWA 2004: 3). Um nachvollziehen zu können, warum sich das Delta an seiner heutigen Stelle gebildet hat, wird im Folgenden die Geographie des Deltas dargestellt.

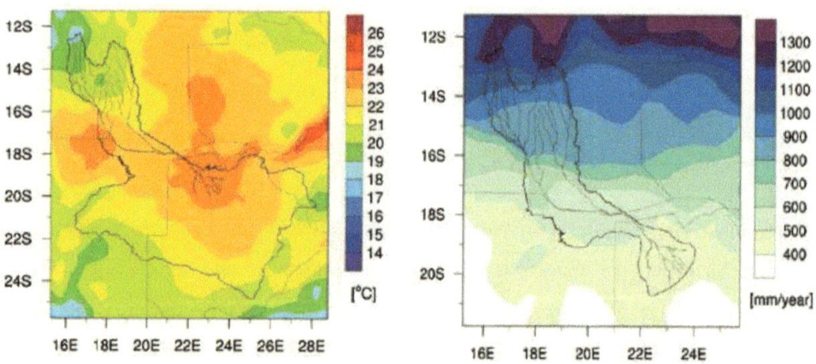

Abb. 2: Mittlere Jahrestemperatur im EZG (Quelle: PRÖPPER et all. 2015: 27)

Abb. 3: Mittlerer Jahresniederschlag im EZG (Quelle: PRÖPPER et all.: 2015: 27)

4.4 Geographische Bedingungen

Um die Bildung des Okavango-Deltas nachvollziehen zu können, ist es wichtig die geographischen Gegebenheiten des Deltas und des gesamten Einzugsgebiets zu kennen (vgl. MENDELSOHN 2017a: 2). Der Fluss selbst ist 1600 km lang, er entspringt im

Hochland von Angola und endet als Binnendelta in Nordbotswana. Die Fläche des Einzugsgebiets beträgt circa 700.000 km², sie wird allerdings immer noch von Wissenschaftlern unterschiedlicher Disziplinen diskutiert (vgl. CARLES 2014: 150f). Für die Formung des Einzugsgebiets und besonders des Deltas sind verschiedene geographische Faktoren verantwortlich, wobei zwei geographische Eigenschaften von fundamentaler Bedeutung sind. Zum einen ist dies die Zusammensetzung des Bodens - der Großteil des Okavango liegt im Kalahari-Becken, das vor Allem auf der ebenen Fläche durch äolisch abgelagerten Sand bedeckt ist. Hauptbestandteil dieses äolischen Sediments ist Quarz-Sand, der eine hohe Permeabilität aufweist. Die zweite bedeutende Charakteristik ist die geographische Unterschiedlichkeit des West- und des Ostteils des Okavango-Einzugsgebietes. Auch wenn diese Gebiete viele ähnliche Charakteristika aufweisen, determinieren die Unterschiede die Formung des Flusses, beziehungsweise des Deltas. Im Osten befindet sich das Cuito-Sub-Einzugsgebiet, in dem der oben beschriebene Quarzsand dominiert. Aufgrund dieser Bodenzusammensetzung ist die Fließgeschwindigkeit des Wassers dort sehr gering und Niederschlagsänderungen haben einen geringen Einfluss auf den Oberflächenabfluss. Auch Starkregenereignisse führen wegen der hohen Permeabilität des Bodens nicht zu einer deutlichen Abflusssteigerung (vgl. MENDELSOHN 2017a: 2f).

Die andere, westliche Hälfte des Okavango-Einzugsgebietes bildet das Cubango-Sub-Einzugsgebiet. Der Boden besteht dort ebenfalls zu einem großen Teil aus Kalahari-Sand, ist aber teilweise auch als Ferralsol anzusprechen. Der Grund für das Vorkommen von Ferralsol sind die hohen Niederschläge in dieser Region (besonders im Norden des Cubango-Sub-Einzugsgebiets), die zur Erosion des Ausgangsgesteins geführt haben. Die Abflussgeschwindigkeit im Cubango ist, besonders nach Starkregenereignissen, höher als im Cuito-Sub-Einzugsgebiet. Dies ist bedingt durch die Zusammensetzung des Bodens und ein höheres Gefälle, was häufig zu einem plötzlichen Eintreffen großer Wassermengen im Delta führt. Es kann aber auch zur Austrocknung von großen Teilen des Deltas in niederschlagsarmen Jahren führen (vgl. ebd.: 3). Die Füllung des Deltas ist daher besonders von Niederschlägen im angolanischen Hochland abhängig.

Der Grund für die Bildung des Binnendeltas an der Stelle, an der es sich befindet, ist zum einen ein immer niedriger werdendes Gefälle je weiter südlich man sich im Okavango-Einzugsgebiet bewegt und zum anderen die Lage am nahezu tiefsten Punkt des Kalahari-

Beckens. Diese niedrige Höhe im Gebiet des Deltas ist auf die Südwestausdehnung des Ostafrikanischen Rift Valleys zurückzuführen. Außerdem entscheidend ist die Bodenzusammensetzung im Gebiet des Deltas. Da das Delta im Mittelpunkt des Kalahari-Beckens liegt, besteht der Boden dort zum Großteil aus Kalahari-Sand, der auf metamorphem Gestein der sogenannten Damara Gruppe aufliegt (vgl. MENDELSOHN et all. 2010: 20). Dieser Kalahari-Sand weist wie oben beschrieben eine hohe Permeabilität auf (vgl. PRÖPPER et all. 2015: 9f).

4.5 Hydrologie im Delta

Die Gesamtwassermenge, die durchschnittlich in das Delta fließt beträgt 10.134 Mm³, wobei 9572 Mm³ aus Angola stammen. Zusätzlich zum Zufluss in Höhe von 10.134 Mm³ kommen Regenfälle direkt ins Delta mit einer Gesamtmenge von 3.205 Mm³ (vgl. MBAIWA 2004: 3) hinzu. Da der Wasserhöchststand im Okavango-Delta, wie im Punkt 4.3 beschrieben, während der Trockenzeit im Delta erreicht wird, hängt die Wassermenge im Okavango und im Okavango-Delta sehr stark vom Zufluss aus Angola ab. Da die Hydrologie im Okavango-Delta sehr kompliziert ist (vgl. CARLES 2014: 202), würde eine genaue Beschreibung im Rahmen der Seminararbeit zu weit führen. Wichtig ist allerdings, dass die Nachfrage und die Nutzung des Okavango-Wasser weitestgehend ungeplant ist und daher zu zukünftigen Konflikten führen kann, auch weil Angola ca. 95 % des Zuflusses in den Okavango kontrolliert (vgl. MBAIWA 2004: 4).

5. Konfliktpotenzial und Konfliktvermeidung im Okavango-Einzugsgebiet

Da Angola und Namibia das Okavango-Wasser bisher kaum beansprucht haben (vgl. LIEBENBERG 2009: 11), war das Potential für Nutzungskonflikte bis jetzt sehr gering. Lange Zeit wurde besonders von Angola angenommen, dass der Bereich des Okavango unverändert ein *terra do fim do mundo* (deutsch: Land am Ende der Welt) bleiben wird (vgl. MENDELSOHN 2017a: 4). Da dies besonders zu Zeiten des angolanischen Bürgerkrieges der Fall war und auch Namibia nur sehr geringe Wassermengen entnommen hat, kam es maximal zu verbalen Unstimmigkeiten (vgl. MBAIWA 2004: 1). Sollte in Zukunft allerdings weniger Wasser das Delta erreichen, was direkt den

Tourismus beeinflussen wird, steigt auch die Gefahr für Konflikte (vgl. PRÖPPER et all. 2015: 113). Die Möglichkeit dafür ist durchaus gegeben, da sowohl Angola als auch Namibia, wie in Kapitel 4.2 beschrieben, Pläne zur Wassernutzung haben. Da Angola zudem, wie in Punkt 4.5 beschrieben 95 % des Zuflusses in das Delta kontrolliert, beziehungsweise kontrollieren könnte, herrscht hier ein besonderes Konfliktpotential. Bei Umsetzung aller angolanischen Pläne würde circa die Hälfte der Wassermenge, die durchschnittlich Namibia erreicht, dem Okavango, beziehungsweise seinen Zuflüssen, entnommen werden. Dabei handelt es sich sowohl um Staudammprojekte, als auch um Wasserentnahmeprojekte zur Bewässerung landwirtschaftlich genutzter Flächen (vgl. MENDELSOHN 2017a: 4). Die Menge der umgesetzten Projekte und damit auch des entnommenen Wassers hängt dabei sehr stark vom Bevölkerungswachstum im Einzugsgebiet ab (vgl. MBAIWA 2004: 5). Da die Bevölkerung, wie in Kapitel 4.1 gezeigt wurde, verhältnismäßig stark wächst und sich mit Menongue auch eine Großstadt im Einzugsgebiet befindet, ist davon auszugehen, dass der Wasserbedarf zukünftig steigen wird. Ein weiterer Faktor für die Entwicklung des Wasserbedarfs ist dabei auch die wirtschaftliche Entwicklung der jeweiligen Länder. So hängt der Bau von Großprojekten, wie zum Beispiel Staudämmen, von der ökonomischen Situation der jeweiligen Länder ab (vgl. PRÖPPER et all. 2015: 113).

Allgemein lässt sich sagen, dass die Entwicklung der Wassermenge des Okavango-Wassers, das das Delta erreicht, hauptsächlich von Entwicklungen und Projekten in Angola und Namibia abhängt. Da Botswana wie in Kapitel 4.1 gezeigt wurde, stark vom Delta-Tourismus abhängig ist, besteht hier ein besonders großes Interesse an der Wahrung eines naturnahen Zustandes. Das Aufkommen von Konflikten um das Okavango-Wasser hängt also von Änderungen der Wassernutzung in Angola und Namibia, aber auch von der Effektivität von Instrumenten zur Konfliktvermeidung ab. Die wichtigste Institution zur Konfliktvermeidung im Okavango-Einzugsgebiet ist hier die in Kapitel 3.2 beschriebene OKACOM. Diese hat allerdings laut MENDELSOHN (2017b) nicht wesentlich zur Stärkung eines transnationalen Flussmanagements beigetragen. Auch wenn der Okavango bis jetzt von ernsten Wassernutzungskonflikten verschont geblieben ist, sind diese laut ihm in Zukunft möglich, wenn der Wasserbedarf steigt und es nicht gelingt ein funktionierendes Flussmanagement zu schaffen. Vor diesem Hintergrund sollen im nächsten Kapitel abschließend zwei Zukunftsperspektiven gegeben werden.

6. Zukunftsperspektiven

Wie in Kapitel 5 beschrieben, hängt die mögliche Entwicklung zukünftiger Konflikte um das Okavango-Wasser von einer Vielzahl von Faktoren ab. Hier soll nun abschließend versucht werden, ein Best- und ein Worst-Case Szenario darzustellen. Im Worst-Case Szenario wird es dabei zu Konflikten zwischen den Anrainerstaaten des Okavango kommen. Dies ist bei folgenden Gegebenheiten der Fall: Zum einen verwirklicht Angola alle geplanten Projekte, was zu einer jährlichen Wasserentnahme bzw. einem jährlichen Wasserverlust für den Unterlauf von 2.590.000.000 Kubikmeter führt. Dies entspricht 115 % des Wassers, das Namibia im bisher trockensten Jahr erreicht hat und 51 % des Gesamtzuflusses (des Jahres mit dem bisher geringsten Zufluss) ins Delta (vgl. MENDELSOHN 2017a: 4). Des Weiteren setzt sich der Trend der steigenden Temperatur fort (vgl. PRÖPPER et all. 2015: 46), was zu einer insgesamt höheren Verdunstung führen kann. Außerdem gelingt es OKACOM nicht, verbindliche Regeln zu schaffen und die Verwaltung des Okavango-Wassers zu übernehmen. Trifft all dies zu, wirkt das Eintreten eines möglicherweise auch bewaffneten Konflikts durchaus wahrscheinlich.

Im Best-Case Szenario hingegen gelingt es OKACOM das Management über das Okavango-Wasser zu institutionalisieren, außerdem setzen weder Angola noch Namibia alle geplanten Projekte um und nutzen Okavango-Wasser lediglich zur Bewässerung flussnaher Landwirtschaft, was dazu führt, dass nur 3 % des Wassers, das durchschnittlich das Delta erreicht, zuvor entnommen wird (vgl. MBAIWA 2004: 5). Außerdem bleiben die Niederschlags- und Temperaturverhältnisse auf ähnlichem Niveau und die ökonomische, soziale und politische Situation in den drei Ländern verschlechtert sich nicht. Treffen diese Faktoren zu, wirkt das Auftreten eines Konfliktes um das Okavango-Wasser unwahrscheinlich.

Als Fazit bleibt festzuhalten, dass sehr viele Faktoren über das eventuelle Auftreten von Wasserkonflikten entscheiden. Es ist daher schwierig zu beurteilen, ob es zukünftig Konflikte um das Okavango-Wasser geben wird, die bisher verhindert werden konnten, beziehungsweise nicht vorhanden waren. Nichtsdestotrotz ist es wichtig, dass das Wasser-Management stetig verbessert wird, um auf diese Weise Konflikten vorbeugen zu können. Unbestritten ist, dass das Wasser für alle drei Staaten eine wichtige Rolle spielt, es gilt daher gemeinsam Lösungen zu finden und das Okavango-Einzugsgebiet als gemeinsame Kooperationsmöglichkeit zu betrachten.

7. Literaturverzeichnis

AL JAZEERA (2017): Israel, Palestinian Authority reach water-sharing deal. In: *Al Jazeera Online*, 13.07.2017. Online verfügbar unter http://www.aljazeera.com/news/2017/07/israel-palestinian-authority-reach-water-sharing-deal-170713165223323.html, zuletzt geprüft am 09.12.2017.

ALLAN, J. Anthony (2002): Hydro Peace in the middle east: Why no water wars? A case study of the Jordan River Basin. In: *SAIS Review* 22 (2).

CARLES, Alexis (2014): Cooperating over water: From a Quantitative Analysis to a Qualitative Study of the Okavango River Basin. Dissertation. Université libre de Bruxelles, Brüssel. Faculté des sciences sociales et politiques.

ECONOMIST (2016): The Economist Intelligence Unit's Democracy Index. Online verfügbar unter https://infographics.economist.com/2017/DemocracyIndex/.

EL-FADEL, Mutasem; El-Sayegh, Y.; El-Fadel K.; Khorbotly, D. (2003): The Nile River Basin: . A case study in surface water conflict resolution. In: *Life Science Education* 32, S. 107–117.

FRÖHLICH, Christiane (2006): Zur Rolle der Ressource Wasser in Konflikten. In: *Aus Politik und Zeitgeschichte* (25), S. 32–37.

GOLDENBERG, Suzanne (2014): Why global water shortages pose threat of terror and war. In: *The Guardian*, 09.02.2014. Online verfügbar unter www.theguardian.com/environment/2014/feb/09/global-water-shortages-threat-terror-war, zuletzt geprüft am 24.12.2017.

IMPERIAL, Mark (2005): Using Collaboration as a Governance Strategy. Lessons from Six Watershed Management Programs. In: *Administration & Society* 37 (3), S. 281–320.

KAMERI-MBOTE, Patricia (2007): Water, Conflict and Cooperation: Lessons from the Nile River Basin. Woodraw Wilson International Center for Scholars. Washington D.C. (Navigating Peace, 4).

KOONTZ, Thomas & NEWIG, Jens (2014): From Planning to Implementation: . Top-Down and Bottom-Up Approaches for Colloborative Watershed Management. In: *The Policy Studies Journal* 42 (3), S. 416–442.

LANDWEHR, Tobias (2016): Der Nahe Osten kämpft ums Wasser. In: *Zeit Online*, 08.12.2016. Online verfügbar unter http://www.zeit.de/wissen/umwelt/2016-12/wassermangel-weltweit-bevoelkerungswachstum-urbanisierung-syrien-krieg-naher-osten, zuletzt geprüft am 09.12.2017.

LIEBENBERG, P. J. (2009): Technical Report on Irrigation Development in the Namibia Section of the Okavango River Basin. Hg. v. OKACOM.

MBAIWA, Joseph E. (2004): Causes and possible solutions to water resource conflicts in the Okavango River Basin: The Case of Angola, Namibia and Botswana. In: *Physics and Chemistry of the earth* 29 (15).

MENDELSOHN, John (2017a): Perspectives on the Okavango basin: past, present and future. Research & Information Services of Namibia.

MENDELSOHN, John (2017b): Information about potential conflicts in the Okavango Basin. Windhoek, 08.12.2017. E-Mail an Felix Loos.

MENDELSOHN, John; VAN DER POST, Cornelis; RAMBERG, L.; MURRAY-HUDSON, M.; WOLSKI, P.; MOSEPELE, K. (2010): Okavango Delta: Floods of Life. Windhoek.

OKACOM (2006): The Organizational Structure for the Permanent Okavango River Basin Commission (OKACOM). Maun.

PINHEIRO, Isidro; GABAAKE, Gabaake; HEYNS, Piet (2003): Cooperation in the Okavango River Basin: The OKACOM perspective. In: *Transboundary rivers, sovereignty and development: Hydrological drivers in the Okavango River Basin*, S. 105–118.

PRÖPPER, M.; GRÖNGRÖFT, A.; FINCKH, M.; STIRN, S.; CAUWER, V. de; MURRAY-HUDSON, M. et al. (2015): The Future Okavango -. Findings, Scenarios and Recommendations for Action. Research Project Final Synthesis Report 2010-2015. University of Hamburg. Online verfügbar unter www.future-okavango.de.

RHOADS, Bruce; WILSON, David; URBAN, Michael; HERRICKS, Edwin (1999): Interaction Between Scientists and Nonscientists in Community-Based Watershed Management: Emergence of the Concept of Stream Naturalization. In: *Environmental Management* 24 (3), S. 297–308.

SCHEEN, Thomas (2015): Konflikt um Nilwasser. Zur Kooperation verdammt. In: *FAZ*, 28.03.2015. Online verfügbar unter http://www.faz.net/aktuell/politik/ausland/afrika/loesung-im-streit-ueber-nil-staudamm-in-aethiopien-13503772.html, zuletzt geprüft am 09.12.2017.

THE ECONOMIST (2016): Sharing the Nile. In: *Economist Online*, 16.01.2016. Online verfügbar unter https://www.economist.com/news/middle-east-and-africa/21688360-largest-hydroelectric-project-africa-has-so-far-produced-only-discord-egypt, zuletzt geprüft am 09.12.2017.

UN (2006): Water: A shared responsibility. World Water Development Report No. 2. United Nations Educational, Scientific and Cultural Organisation. Paris.

UDELSMANN RODRIGUES, Cristina & RUSSO, Vladimir (2017): No walk in the park: Transboundary cooperation in the Angolan war-torn Okavango. In: *Environmental Practice* 19 (1), S. 4–15.

UNDP (2015): Human Development Index (HDI). Online verfügbar unter http://hdr.undp.org/en/composite/HDI.

WELTBANK (2016b): GDP growth (annual %). Online verfügbar unter https://data.worldbank.org/indicator/NY.GDP.MKTP.KD.ZG.

WELTBANK (2016a): GDP per capita (current US$). Online verfügbar unter https://data.worldbank.org/indicator/NY.GDP.PCAP.CD.

ZEITOUN, Mark & MIRUMACHI, Naho (2008): Transboundary water interaction I: reconsidering conflict and cooperation. In: *Int. Environ. Agreements* (8), S. 297–316.